超高摩天大楼
及其他
城市技术

强国少年
高新科技
知识丛书

10

世图汇 / 编著

江苏凤凰科学技术出版社 · 南京

图书在版编目（CIP）数据

超高摩天大楼及其他城市技术 / 世图汇编著 . — 南
京 : 江苏凤凰科学技术出版社 , 2022.12（2023.8 重印）
（强国少年高新科技知识丛书）
ISBN 978-7-5713-3204-4

Ⅰ . ①超… Ⅱ . ①世… Ⅲ . ①建筑学 – 少年读物
Ⅳ . ① TU-49

中国版本图书馆 CIP 数据核字 (2022) 第 161363 号

感谢 WORLD BOOK 的图文支持。

超高摩天大楼及其他城市技术

编　　　著	世图汇
责 任 编 辑	谷建亚　沙玲玲
助 理 编 辑	杨嘉庚　钱小龙
责 任 校 对	仲　敏
责 任 监 制	刘文洋

出 版 发 行	江苏凤凰科学技术出版社
出版社地址	南京市湖南路 1 号 A 楼，邮编 : 210009
出版社网址	http://www.pspress.cn
印　　　刷	上海当纳利印刷有限公司

开　　　本	718 mm×1 000 mm　1/16
印　　　张	3
字　　　数	60 000
版　　　次	2022 年 12 月第 1 版
印　　　次	2023 年 8 月第 5 次印刷

标 准 书 号	ISBN 978-7-5713-3204-4
定　　　价	20.00 元

目录

引 言

在说到现代城市时，我们首先想到的画面就是高耸的摩天大楼。随着城市的扩张，越来越多的人希望居住和上班的地方距离近一些。建筑商将建筑层层相叠搭建起来，从而建造出高耸精致的塔楼，让使用者享有居高临下的美景。这些摩天大楼需要高超的工程解决方案，既能支撑住自己，又能最大化地利用地面空间。

但城市不仅仅是摩天大楼。庞大的交通网络、家庭、企业和工厂都结合在一起，使一个城市成为现在的样子。今天城市的面貌并不代表明天城市的样子，城市在不断变化，而且在不断扩张。居住在城市中的人口比以往任何时候都多，占世界约 80 亿人口（截至 2022 年底）的一半以上。到 2050 年，这一比例将达到三分之二。

随着越来越多的人搬到城市寻求机会，这些城市将面临更多的风险。随意的规划会使交通速度减慢到停滞状态。匆忙建造的建筑浪费了资源，消耗了大量能源。城市产出的二氧化碳占全世界二氧化碳排放量的 70%，二氧化碳是一种促使全球变暖的温室气体。

建筑师和城市规划师正在为城市居民建设更美好的未来。由于有这么多人在城市生活和工作，即使是微小的技术进步也会产生巨大的影响。通过精心规划，城市可以成为干净、安全和健康的居住地。建筑师可以建造更高的建筑，为公园和交通留出更多空间。建筑可以使用更少的能源，并且能够更好地满足在其中生活和工作的人们的需求。

摩天大楼可以建到多高？未来的城市会是什么样子？城市技术能为你做些什么？请继续阅读本书以找出答案！

① 超高摩天大楼

在顶部的生活

　　想象一下，走进洞穴般的大厅，大厅四周贴着木板、石板和玻璃板。进入豪华电梯并按下按钮，你可以感觉到它在加速，可以感觉到耳朵里的压力在变化。当门打开时，似乎整个世界都摆在你面前。大型建筑看起来像模型，地面上的汽车几乎是看不见的，像道路上的彩色溪流。你可以俯瞰在城市上空飞行的直升机，你甚至可以看到在远处地平线附近的其他城市、地区甚至国家。这就是一座超高摩天大楼带给我们的体验。

　　世界高层建筑与都市人居学会将超高摩天大楼定义为任何高于 600 米的建筑。这些高得惊人的建筑并不像任何旧建筑甚至其他摩天大楼，它们需要设计者特别考虑设计的各个方面。材料必须足够坚固，以承受建筑自身及其居住者的重力，并能承受风甚至地震。每层楼都要方便获得新鲜空气、清洁水。人们必须能够快速轻松地访问每个楼层。此外，该建筑将耸立在市中心，成为天际线的一部分，因此还需要做到令人赏心悦目。

向空中爬升

在 20 世纪，随着城市的发展、房地产价值的增加以及新建筑技术的出现，建筑开始变得更有意义。摩天大楼是现代城市的象征。

上升

19 世纪中期，美国发明家伊莱沙·格雷夫斯·奥的斯（Elisha Graves Otis）创造了第一部具有自动安全装置的电梯。如果吊起电梯的钢缆断裂，该设备可防止轿厢坠落。在安装了这种"安全升降机"的大楼，租户的喜好也发生了改变，当较高楼层只需按一下按钮即可达到时，大多数租户更喜欢这些楼层提供的居高临下的景观。

钢材

在 20 世纪之前，大多数高层建筑都是用砖砌成的。砖块坚固但很重，使建筑只能建造到非常有限的高度。这些建筑的墙壁和柱子底部非常厚。当钢材被开发出来时，建筑师们意识到他们可以用薄钢柱代替厚石柱，从而增加楼层空间。芝加哥的家庭保险大楼由威廉·勒巴隆·詹尼（William Le Baron Jenney）设计，是摩天大楼的著名"祖先"。这座建筑（初为 10 层，后来又加建了 2 层）于 1931 年被拆除，其金属框架支撑着大部分载荷。

顶层公寓是为穷人准备的

在摩天大楼的早期历史中，建筑的高度受到其居住者愿意爬或能够爬的楼梯数量的限制。在这些建筑中，较低的楼层租金更高，因为需要爬的楼梯数量较少。想想看，当每天都要爬到12楼时，谁会想在12楼生活或工作呢？较高的楼层租金更便宜，因为租房者必须爬很多楼梯才能到达那里。

玻璃幕墙

随着建筑师对钢材的了解，摩天大楼墙壁的承重作用越来越弱化。最终，建筑师们用钢骨架建造了摩天大楼，这些钢骨架完全支撑着建筑，墙壁仅用于遮风挡雨。没有了结构上的顾虑，建筑师们开始增加窗户的尺寸，并增加每个楼层的自然采光量。这一设计在1952年完工的利华大厦的落地窗中达到高潮，玻璃幕墙成为摩天大楼的新标准。

伊利诺伊大厦

在 20 世纪 50 年代，弗兰克·劳埃德·赖特（Frank Lloyd Wright）是一个传奇人物，他的"草原式住宅"风格在 20 世纪上半叶改变了美国建筑。但当时许多年轻的建筑师因设计高耸的摩天大楼而闻名，年近 90 岁的赖特也不甘示弱，创造了他最令人敬畏的设计之一。

1956 年，赖特主持了一场盛大的新闻发布会，在会上他宣布了他的最新项目——伊利诺伊大厦。它将成为一座 1.6 千米高的摩天大楼，是当时世界上最高的帝国大厦的 3 倍多。

赖特计划建造一座不同于任何其他摩天大楼的建筑。所有楼层都将由一个巨大的核心筒支撑，该筒贯穿建筑的整个高度。这个筒可能会沉入数百米的地下，以稳定建筑。为了服务大楼的居民，赖特甚至设想通过建造 76 部"核动力电梯"来解决问题，这种电梯每个轿厢有 5 层楼高！

赖特一直未等来伊利诺伊大厦的投资方，他原本希望自己的明星效应能够推动这个项目向前发展。几年后，当他去世时，该计划也夭折了。目前尚不清楚是否有可能用 20 世纪 50 年代和 60 年代的技术建造伊利诺伊大楼，但赖特的惊人设计激发了许多建筑师的灵感，他们建造的建筑越来越高。

赖特是草原风格建筑（右图）大师，因其在芝加哥及周边地区的建筑而闻名。

赖特设计的摩天大楼（左图）优雅的锥形外形启发了今天的超高摩天大楼的设计，比如哈利法塔（背景图）。

现代超高摩天大楼

尽管还比不上赖特的设计方案高，但现代超高摩天大楼正在悄悄靠近。

到目前为止，只建造了几座超高摩天大楼，还有几座正在建设中。

哈利法塔

截至 2022 年，哈利法塔仍是世界上最高的建筑，高出地面 828 米。它位于阿拉伯联合酋长国的迪拜。它的建筑师开创了一种被称为扶壁核心的设计。一个厚实的混凝土核心由三个混凝土支翼进一步支撑，使建筑具有一个 Y 形横截面。在哈利法塔的高层，可以俯瞰迪拜全景。

上海中心大厦

这座塔楼位于中国上海。它具有创新的设计，其中圆柱形建筑坐落在螺旋形的玻璃幕墙中。这种外部覆层可防止塔楼在风中摆动，并支撑大型公共空中大厅。

麦加皇家钟塔饭店

这座巨大的建筑是沙特阿拉伯的地标性建筑。钟塔四面都有表盘，每个表盘的直径达 40 米。钟塔上的特殊灯光可以向 30 千米外的人们提醒祈祷时间。

工程挑战：让超高摩天大楼运转起来

　　建造更高的结构应该不会太难。使用哈利法塔的扶壁核心设计，建筑师们认为他们可以建造超过 1.6 千米高的建筑，甚至超过赖特的伊利诺伊大厦。但是，建筑越高，建筑商和开发商在建造它们时必须面对的挑战就越多。

　　电梯对摩天大楼至关重要，因此需要进行有效的设计。许多摩天大楼的电梯只停在一组特定的楼层。例如，在一栋 50 层高的建筑中，一些电梯可能只服务于 11 层到 20 层，但这些电梯也必须停在大厅。它们的电梯井必须穿过 2 层到 10 层，在这些楼层内产生无法使用的空间。

　　对于大约 80 层或更多层的摩天大楼，这种方法的缺陷更加明显。较低的楼层几乎填满了电梯井，几乎没有空间出租给企业。因此，建筑师们提出了空中大厅的想法。想要到达建筑较高楼层的人首先乘坐高速电梯到空中大厅，在那里，他们再选择换乘电梯到达目的地。这种方法节省了空

这座位于芝加哥市北密歇根大道 875 号的塔楼，通常被称为约翰·汉考克中心（右页图），是首批拥有空中大厅的摩天大楼之一。今天，许多摩天大楼都有空中大厅，例如香港的一座摩天大楼的这个大厅（背景图）。

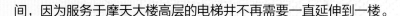

间，因为服务于摩天大楼高层的电梯井不再需要一直延伸到一楼。

　　但在超高摩天大楼中，即使是空中大厅也无法阻止电梯井占用大量的建筑面积。此外，用于提升电梯的钢缆在大约 120 层后变得难以管理。为了让摩天大楼变得更高，建筑师将不得不使用新的电梯技术。

　　这些技术障碍是可以克服的，建造超高摩天大楼的最大挑战是资金。建筑越高，建造和维护的成本就越高，这使得开发商更难赚钱。例如，哈利法塔的运营成本实际上比租金收入还高。但它的名气使得其开发商拥有的周边地区非常有价值，这家开发商已经赚了足够的钱来开发这个地区，以证明运营哈利法塔的费用是合理的。这种模式在成熟的大城市中很难行得通。如果建筑师不能想出在增加建筑面积或降低成本的同时使摩天大楼更高的方法，开发商就不会建造它们。

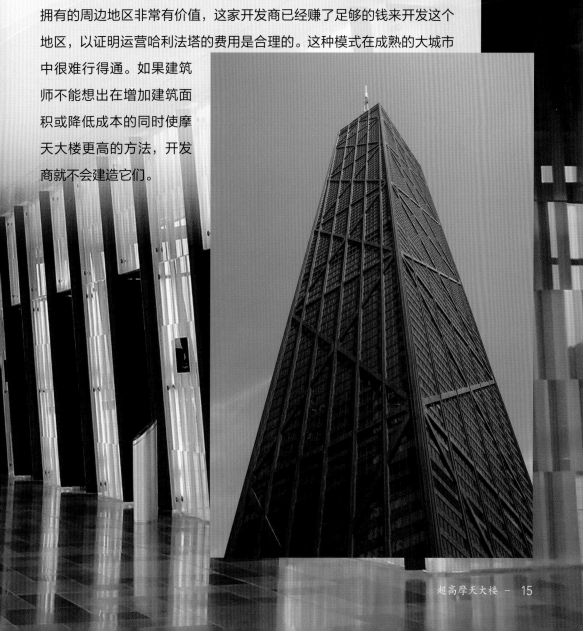

超高摩天大楼的未来

哈利法塔世界最高建筑的地位很快就会被取代，目前正在建设的另一座巨高建筑将使它相形见绌，其他人可能会提出新的方法将建筑建得更高。

吉达塔

吉达塔将矗立在沙特阿拉伯吉达市，高度约为 1 千米。该建筑将包含零售空间、办公室、酒店和不同类型的公寓。客人将乘坐高速电梯到每个部分的空中大厅入口楼层，然后登上换乘电梯到达目的地。这种方法将不同区域分开，例如防止酒店客人进入顶层公寓。

未来的电梯

德国蒂森克虏伯公司提出了一个解决方案，可以让未来的超高摩天大楼在没有数十个电梯井和多个空中大厅的情况下运行。在他们的多电梯设计中，轿厢沿着磁轨行驶。多个轿厢不再受钢缆束缚，可以使用转盘设备改变电梯井。通过这种设置，多个轿厢可以在一个电梯井内运行。如果一个轿厢停止，该电梯井中的其他轿厢可以移动到不同的电梯井以完成其旅程。轿厢甚至可以通过特殊的桥前往其他建筑或直接到达公共交通站点。

默迪卡 118 大厦

这座超高摩天大楼位于东南亚国家马来西亚的首都吉隆坡。吉隆坡已经拥有吉隆坡石油双塔，它是世界上最高的建筑之一。这座新的超高摩天大楼的名字的含义是什么？默迪卡（Merdeka）是马来语中独立或自由的意思，118 是构成这座建筑的楼层数。

② 智慧城市

更智慧地生活，
而不是更艰难地生活

想象一下，你坐在一辆车里，在十字路口等绿灯。这时没有其他车辆或行人穿过十字路口，所以你可能只是在无意义地等待。这种小小的烦恼以浪费时间和燃料的形式产生了真正的成本。对于发生这种浪费的城市来说，这也是一个主要问题。这些看似微不足道的低效率现象可能会导致严重的交通问题，所有额外的交通问题都会加剧空气污染和噪声污染。

如果交通信号灯能知道人们什么时候在不必要地等待，并改变信号以适应他们，那会怎么样？如果交通信号灯之间可以相互沟通，那么当你开车去目的地时，你可能会得到一系列的绿灯。世界各地的城市都在安装这样的系统。

这只是让城市变得更加智慧以帮助居民过上更好生活的一种方式。新技术使城市管理者能够收集更多关于城市的数据并做出调整。通过这些新技术改善了服务功能的城市被称为智慧城市。

过去的爆发式扩展

从历史上看，人们建立城市也是为了追求便利。人们把它们建在容易抵御入侵的地方，或者交通枢纽处。建筑在古老的小径周围如雨后春笋般涌现，随着定居点的扩展，更多的街道从中间向外辐射扩展开来。许多城市中道路、铁路、建筑和排水沟交织在一起。

城市规划

自城市存在之日起，人们就想象着通过设计使其变得更好。起初，试图改善城市的人们通常依靠统治者的命令或他们自己关于清洁和秩序的想法来指导设计工作。但从 20 世纪开始，人们开始使用更科学的方法，利用人们在城市中的生活信息，来找出应该对城市进行哪些改进。这个专业领域被称为城市规划。

有计划的人

1909 年，在芝加哥企业和富人的资助下，建筑师和城市规划师丹尼尔·伯纳姆（Daniel Burnham）为芝加哥制订了一项综合规划。它包括建造宽阔、绿树成荫的街道以及大型公园和令人惊叹的公共建筑。虽然这项规划中的许多具体建议从未得到采纳，但其关于未来100 年城市扩张的观点和预测被证明是正确的。它仍然是城市规划史上的重要文献。

城市乌托邦

有时，城市规划者或其他有远见的人试图通过设计新的城市中心来抑制城市的混乱，但这些设计出来的城市很少能够实现创造者的愿景。尽管如此，按照此类规划建造的许多城市至今仍然存在，并为其市民提供愉快的生活和工作体验。

英国城市规划师埃比尼泽·霍华德（Ebenezer Howard）于1902年发表了他对"花园城市"（右图）的设想。于瑞士出生的建筑师勒·柯布西耶（Le Corbusier）在他的现代设计中将建筑想象为村庄（下图）。

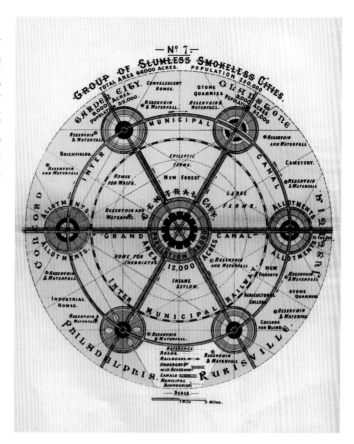

艾波卡特社区

美国动画大师华特·迪士尼（Walt Disney）用迷人的角色、生动的动画和激动人心的故事打造了一个媒体帝国。

1955年，他在加利福尼亚州创建了世界上第一座迪士尼主题乐园，但他并不满意。在佛罗里达州，他为一座被他称为"未来社区实验原型"的"未来派"城市购买了土地，这个原型被简称为艾波卡特社区。

他设想将艾波卡特社区作为佛罗里达州一个大型开发项目的主要部分，该开发项目还将包含一个主题公园、一个工业园区和一个机场。大约20 000人将居住在艾波卡特社区。他将艾波卡特社区想象成城市技术的动态实验室。

艾波卡特社区将采用辐射状布局，就像带辐条的车轮一样。市中心（包含一个大型酒店和会议中心）将会在轮子的中间，周围将是办公室和企业。一些街道会有主题餐厅、商店和含有世界不同国家元素的建筑。离市中心更远的地方将是不规则扩展的郊区开发项目。

辐条不是道路，而是轨道。人们会从家里步行到名为旅客捷运系统的小型自动火车上，这些自动火车将把他们带到市中心。从那里，他们会步行去上班，或者乘坐更大、更快的单轨电车去工业

艾波卡特社区的原始设计是基于辐射状布局、可容纳约20 000人的"未来派"城市（右图）。

迪士尼（左页上图）将艾波卡特社区想象成一个不断变化的实验室，用于城市规划和未来城市的设计。

园区或主题公园，然后，更多的旅客捷运系统会把他们带到他们的工作地。

在艾波卡特社区，汽车和卡车将被安排到城市下方的两个独立的地下层。

迪士尼于 1966 年去世后，公司的其他高管都不想实施这项雄心勃勃的计划，因此该项目被取消了，只有主题公园（现在被称为魔法王国）建成了。后来，该公司将艾波卡特社区重新构想为另一个主题公园，并于 1982 年作为艾波卡特中心开放。主题公园的一些景点，如世界之窗，直接受到迪士尼对艾波卡特社区的设想的启发。

全球智慧城市实验

　　最近，一些城市规划者专注于收集更多关于城市如何运作的数据，并利用这些数据做出明智的决策，目标是让城市运作得更好。这通常需要数以百计的设备，如照相机和传感器。智慧城市建设需要这种用于数据收集的基础设施。

物联阵列

物联阵列是遍布芝加哥的 100 多个传感器节点的集合。这些节点检测空气质量、气温甚至振动等因素。节点收集到的数据被免费提供给城市管理者和研究人员。该计划的支持者希望在该市安装 500 个节点，并扩展到全球其他城市。芝加哥的物联阵列成功的部分原因是它是开源的，并且被设计为透明和匿名的。

节点跟踪经过其下方的汽车和行人并统计相关数据，但它们仅向中央枢纽发送匿名数据，例如行人数量和他们移动的方向。完成此操作后，它们会删除原始素材。通过这种方式，市民可以放心，物联阵列的节点不会被用来窥视他们。

> 智慧城市需要有关人们如何移动、购物、工作和娱乐的数据。城市规划者可以使用这些数据来做出有效的设计。

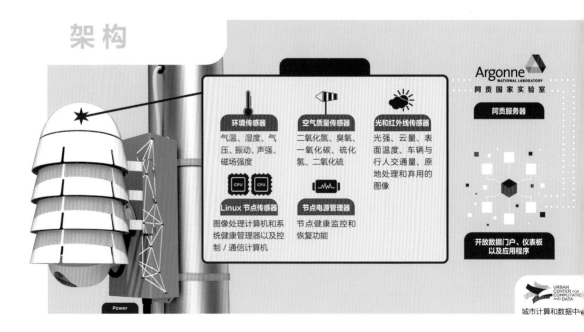

架构

环境传感器
气温、湿度、气压、振动、声强、磁场强度

空气质量传感器
二氧化氮、臭氧、一氧化碳、硫化氢、二氧化硫

光和红外线传感器
光强、云量、表面温度、车辆与行人交通量、原地处理和弃用的图像

Linux 节点传感器
图像处理计算机和系统健康管理器以及控制/通信计算机

节点电源管理器
节点健康监控和恢复功能

Argonne
NATIONAL LABORATORY
阿贡国家实验室

阿贡服务器

开放数据门户、仪表板以及应用程序

URBAN CENTER FOR COMPUTATIC AND DATA
城市计算和数据中心

Power

新加坡

东南亚的岛屿国家新加坡是智慧城市建设的典范之一。政府已经建立了整个国家的详细三维模型。城市规划者可以使用该模型来确定新建筑、道路和其他项目将如何影响交通量。由于整个国家很小，政府计划在全国范围内推广这些方法。

人行道实验室

它是谷歌旗下的一家公司，开发各种智慧城市产品。其中一款名为鹅卵石（Pebble）的产品是一种停车传感器。城市管理系统可以监控鹅卵石网络，以确定哪里有可用的停车位，并对司机进行引导。通过这种监控，城市管理者可以分析停车趋势，并用人行道、自行车道或建筑取代多余的空间。

智慧城市的未来

从智慧城市基础设施中获得的许多改善可能不会很明显。例如，智慧城市技术不会影响城市的天际线，但它们将有助于使城市成为更宜居的地方。

减少交通量

智慧城市的最大好处将是减少交通拥堵。红绿灯将能够预测交通模式并改变信号以缓解拥堵。许多城市已经使用类似的技术针对公共汽车和应急车辆改变红绿灯的信号。这种信号定时系统能够以提高交通效率的形式为城市带来许多倍的回报。

更清洁、更环保的城市

智慧城市技术可以大大减少城市消耗的资源量。智能水表和电表可帮助客户了解他们用水和用电的模式，并提出省成本的方法。电网和水网沿线的传感器可以检测泄漏和故障，因此公用事业工作人员可以在浪费更多水或电之前快速解决问题。

更好的城市设计

城市规划者正试图让城市变得更适合每个人，但他们几乎没有可用的数据。他们的许多想法仍然只是假想，而那些被付诸实践的想法并不总是像预期的那样成功。借助无处不在的传感器和功能强大的计算机，城市规划者可以更好地研究城市，弄清楚什么可行，什么不可行，并制订计划以促进城市发展。

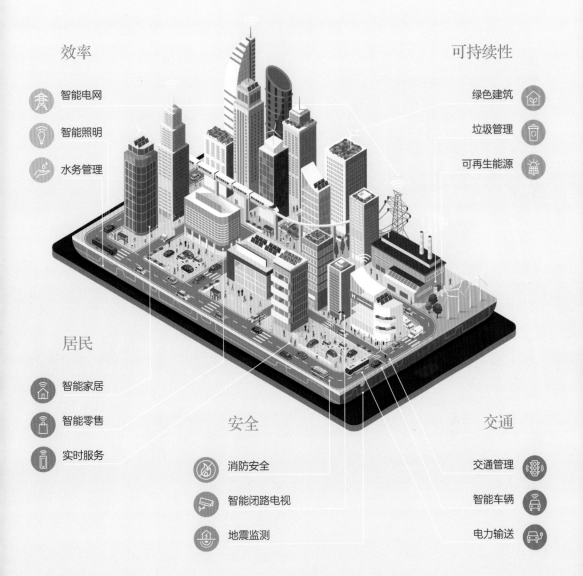

效率

智能电网

智能照明

水务管理

可持续性

绿色建筑

垃圾管理

可再生能源

居民

智能家居

智能零售

实时服务

安全

消防安全

智能闭路电视

地震监测

交通

交通管理

智能车辆

电力输送

3 绿色建筑

绿色环保并不容易

　　想想那些产生大量污染的东西，汽车、工厂和燃煤发电厂可能会浮现在脑海中。但是住宅和商业建筑呢？与工厂相比，你在家里使用的能源可能不多，但有成千上万的家庭和你家一样，所有这些家庭所消耗的能源加起来就很多了。例如，在美国，家庭和企业消耗的能源约占所有能源消耗的39%。

　　随着全球变暖的威胁日益严重，提高能源效率成为当务之急。通过仔细优化我们设计、建造、维护和维修建筑的方法，就能大大减少释放到大气中的温室气体的量。这就是绿色建筑的科学。

　　平衡所有这些变量与其他建筑需求并不容易。事实上，建筑师们仍然在想办法减少建筑对环境的影响，评估其在能源利用方面的性能。随着现代建筑技术的发展，建筑可以变得时尚、舒适，而且维护成本低廉。绿色建筑不仅对环境有益，而且还可以节省资金，让人们更快乐、更健康、更高效。例如，通风良好、光线充足的建筑（绿色建筑通常是这样）使在其中生活和工作的人们更健康、更高效。

绿色建筑材料

　　建筑活动对自然界的影响是巨大的，建筑和建筑行业的能源需求占到全球总能源需求的 34% 以上，温室气体排放量占全球总排放量的约 40%。绿色建筑能够在建筑的全寿命周期内最大限度地节约资源，而建造绿色建筑必不可少的就是低能耗、无污染、无毒害的绿色建筑材料。

物化能耗

当我们把建筑看成建设过程的最终产品时，建设过程中原材料的开采、运输以及构件生产和施工等过程消耗的能源的总和被称为物化能耗。随着建筑在使用过程中用于供暖、制冷等过程的能耗（运行能耗）变少，物化能耗在建筑总能耗中的占比变大，降低物化能耗很重要。

其他考虑

除了物化能耗，还有很多事情需要考虑。玻璃不是好的热绝缘体，但很少有人愿意住在没有玻璃窗户的房子里。其他材料可能具有低物化能耗，但可能含有挥发性有机化合物（VOC）。挥发性有机化合物会释放出有毒气体，可导致呼吸系统疾病，并可能与某些癌症有关。

由本地材料制成的传统茅草小屋（下图）具有天然的低物化能耗。回收和再利用建筑材料（右页上图）有助于降低新建筑的物化能耗。将旧工厂改造成公寓（右页下图）是可行的，能更有效地利用能源和材料。

再生建筑材料

使用从旧建筑中回收的材料是一种为建筑增添个性的绿色方式。一些手工制作的老式家具，例如带有复杂雕饰的壁炉架，今天几乎不可能找到，因为制作它们所需的技艺和材料都变得很难得。

最绿色环保的建筑材料是已经在用的材料

一家公司是否应该拆除其旧的办公楼，换上一座时尚的绿色建筑来保护环境？答案可能是否定的。研究表明，对环境来说，重新利用现有建筑几乎总是比拆除它并建造一座新建筑更好。通过严谨规划，重新设计和改造后的建筑几乎可以与替代建筑的环保性能相媲美，而且改造所使用的材料要比完全新建所需的材料少得多。

木材：
未来的绿色建筑材料

混凝土和钢材是常见的建筑的材料，但它们都具有极高的物化能耗。采伐、运输和加工木材所消耗的能源要少得多。事实上，木材可以长时间储存碳。树木吸收大气中的二氧化碳，并利用阳光将其转化为能量和组织，如树叶和木料。当树木被砍伐并变成建筑用的木材时，木材中的碳就不会像树木腐烂在森林里那样返回到大气中。在被砍伐的树的位置，新树会继续吸收二氧化碳。

为什么这么多建筑师都青睐混凝土和钢材呢？木材在拥挤的城市环境中失宠，不是因为它不够坚固，而是因为它的易燃性。干燥的木材本身极易燃烧，且有些木构件的表面积大，周围通风条件好，因此木结构建筑容易发生猛烈的立体燃烧。在经历了多年的火灾肆虐后，许多城市制定了建筑规范，提倡用混凝土和钢材建造大型建筑，而不是用木材。

重型木结构对火的反应与传统的框架木结构不同。发生火灾后被烧焦的外层为内部提供了保护，这使得重型木结构建筑在着火后可以长时间保持稳定。重型木结构与钢材一样坚固，但更轻。由交叉层压木材构成的重型木结构在各个方向都具有优异的强度。

建筑师们正在寻求用重型木结构建造大型建筑，甚至是摩天大楼。许多城市的政府仍然对木结构建筑的安全性持怀疑态度，或许是因为这些城市在过去曾被木结构建筑引发的可怕火灾烧毁过。但是，第一批现代大型木结构建筑的成功，加上社会对气候变化的日益关注，可能会导致政府改变现有的立场。

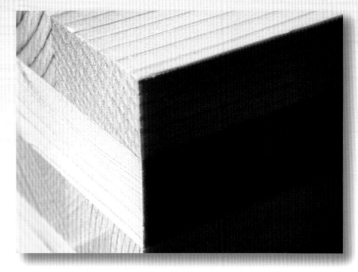

建筑师们正在寻求用木材建造更多的建筑。甚至有人提出了用木材制成摩天大楼的设计（右图）！

绿色建筑设计

建筑的绿色程度不仅仅取决于建造它所使用的材料，建筑的设计和所用的设备，以及人们如何使用和维护它，都会影响能源的使用。

主动式设计

主动式设计的相关部件能产生或节省一些能量，从而让建筑整体使用更少的能源，屋顶的太阳电池板就是一个典型的例子。通过将太阳电池板连接到家庭的电网上，可以使用太阳能来制冷。节能型制热和制冷设备，如火炉和电扇，也很重要。在美国，政府支持的"能源之星"项目为节能产品贴上标签。电扇可以通过在房间内扩散冷热空气，使房间更舒适。

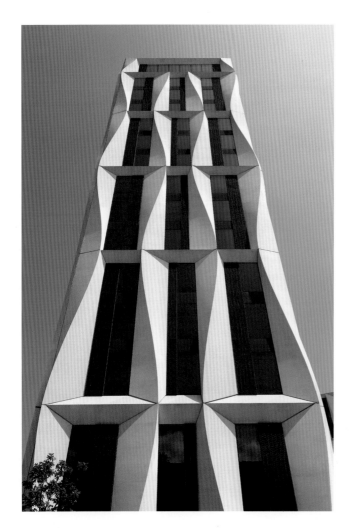

新型绿色建筑（左图）采用先进的材料和创新的设计，最大限度地提高能源效率和舒适度。现有的房屋可以升级，变得更绿色！

被动式设计

被动式设计（左页下图）要求建筑充分利用阳光、风、植物和雨水等自然元素，限制能源和其他外部资源的使用。一个简单的做法是使用遮阳篷或绿植来控制阳光照射。在春季和夏季，枝繁叶茂的树木或遮阳篷会阻挡阳光，防止其通过朝阳的窗户使建筑变热。但在秋季和冬季，树叶从树上落下，或者太阳下沉到遮阳篷下面，就能让阳光的照射温暖建筑。

简单升级

所有这些设计都很不错，但是已经建成的住宅和其他建筑呢？简单的升级可能会对你的能源账单产生重大影响。加热或冷却的空气可以从房子的缝隙和小孔中进出，找到并堵住这些孔洞可以使房屋更加舒适。不能填塞的区域，例如门窗四周，可以用防风雨条密封。升级墙内的隔热材料是一项更大的工程，但长期来看也可以帮助节省资金和能源。

向上生长，而不是向外生长

　　世界上一半以上的人口生活在城市。如果你能在城市里种植他们吃的食物会怎样呢？城市的土地很昂贵，所以传统的农场不可能在那里存在。但是，如果人们可以在仓库里，甚至在摩天大楼里种植成堆的作物，城市居民就可以很容易地获得新鲜、美味的农产品。这种多层种植作物的方式被称为垂直农业。

　　在过去七八十年的时间里，大多数作物都是在巨大的农场里种植的。这些农场在栽种、施肥和收获的过程中使用了大量的机械。农场生产大量食物，但会面临恶劣天气和害虫的威胁。农场往往位于远离销售点的地方。在某种程度上，由于需要长途运输，很多水果和蔬菜的新品种被培育出来不是为了更好吃，而是为了保存得更久。水果或蔬菜在到达餐馆或超市之前，可能要经过几天甚至几周的储存和运输。

　　因为垂直农场的位置离销售点很近，所以它们可以专注于产品的新鲜度和品质。食物不必用卡车运进城市，这样既减少了温室气体排放，也减少了交通拥堵。从事垂直农业的农民可以更仔细地保护他们的作物免受病虫害的侵袭，因此有效地消除了对有害农药的需求，也不会有污染性的肥料流进供水系统。垂直农场，前途无量！

垂直农业如何运作

垂直农业仍处于起步阶段。在成为主流之前，它还有很长的路要走，但大多数方案都以类似的方式解决了在室内种植作物的问题。垂直农场已经在一些大城市涌现。这些农场使用先进的室内系统来生产待售蔬菜。

水培系统

大多数垂直农场使用水培系统，将植物根部放置在营养丰富的水中，这是一种无土栽培的方法。向水中添加营养物质比向土壤中添加更容易。水培系统还可以保护植物免受疾病侵害，因为引起植物病害的微生物通常生活在土壤中。

照明系统

在传统农场中，阳光充足，但在垂直农场中，光照远未得到保证。每个生长层都会阻挡其下方的一层。一些垂直农场使用反射镜将光线引导到较低层。但在大多数设计中，作物至少需要一些人造光。发光二极管有助于为垂直农场提供足够的光照。它们消耗的能量要比白炽灯或荧光灯少得多，产生的热量也少得多。工程师们可以调整发光二极管，以准确发射作物所需的波长的光。

能源消耗

对人工照明的需求使垂直农场在经济和环境方面处于劣势。今天，大多数电力是通过燃烧化石燃料产生的，生产过程会释放出二氧化碳等温室气体。即使使用节能型发光二极管，在室内种植作物所需的能量也会增加不少。有研究表明，用这种方式种植制作一块面包所需的小麦，其能源成本将达到 11 美元。

产业共生系统

在芝加哥一座被废弃的肉类加工厂大楼里，一个致力于可持续发展的团队建立了一个"工厂"（名为 The Plant，兼有工厂和植物两种含义），开展将垂直农业作为更大的产业共生系统的一部分的项目。该工厂还专注于研究、教育和社区发展。它正在努力创建闭环系统，将来自租户或建筑过程的垃圾用于其他用途。

该工厂在其垂直农场中使用了一种鱼菜共生的系统，该系统完美地完成了其闭环使命。罗非鱼被养殖在地下室的巨大水箱中，鱼的排泄物是一种天然的植物肥料。但是，如果这些排泄物堆积在水箱中，鱼就会死亡。因此，人们用水泵将脏水送入垂直农场的水培系统，在那里，作物吸收溶解在水中的养分，然后系统再用水泵将清水送回养殖罗非鱼的水箱中。收获的作物和鱼在工厂的餐馆被消费。

这家工厂并不满足于此，其所开展的项目的核心将是建造一个厌氧消化池，在这里微生物可以将有机废物转化为肥料和天然气。肥料将用于滋养喂养罗非鱼的水生植物。天然气将为现场的发电

机提供燃料，为工厂提供电力。

　　工厂需要找到符合其运营理念的租户。在这里，不同的商店制作咖啡、茶和烘焙食品，通常使用来自该工厂的垂直农场或其他系统的材料，并将可用的废物送回这些系统。该工厂希望成为世界其他地区可以效仿的可持续发展的典范。

当工厂的厌氧消化池（上图）投入使用时，它将成为设施的核心。在那里，不能以其他方式重复使用的有机废物将被转化为肥料和燃料。

 智能家居

Smart Home

Security

Lighting

Network

Camera

Alarm

40%

21°C
69.8°F

09:37

ON

37°C
98.6°F

欢迎来到我家

照顾家庭是一项艰苦的工作，总有一些事情需要解决，总有一些家务需要做。今天，我们从技术中获得了一些帮助，机器可以帮我们洗衣服、洗碗、扫地，但其中许多项目只能彼此独立进行，并且不够智能。例如，你不能告诉你的房子在达到一定的温度时打开窗户。

这种情况正在开始改变。越来越多的家用电器被连接在一起，帮助我们完成更多的事情。建筑商正在将更多的智能技术整合到住宅的不同部件中，例如门窗。借助先进的智能家居技术，你可以享受集服务、管理等功能为一体的高效、舒适、安全、便利的居住环境。

智能系统

　　在很多年中，智能家居技术是多种相互竞争的系统，不能协同工作。它们使用隐藏在墙壁中的电线连接到集线器，因此在已经建成的房屋中安装或升级它们，成本高得令人望而却步。配备了声控"个人助理"的智能扬声器诞生后，迅速成为智能家居的中心。房主可以通过语音指令打开灯、降低温度或完善安全系统。

连接设备

智能家居的实用性取决于与之相连的智能设备。常见的智能设备包括灯、恒温器和装有安防摄像头的门铃。一旦集线器收到命令，它必须将命令转发给适当的设备。集线器通过无线网络、蓝牙等发送命令。

黑客和隐私

智能家居依赖于许多单独的硬件，其中许多智能设备始终处于打开状态。例如，许多智能扬声器会记录麦克风接收到的所有内容，而不仅仅是收到的命令。如果家中某个智能设备的软件设计不安全，其居住者可能会面临被勒索和盗窃的危险。但人们需要担心的不仅仅是入侵家庭系统的黑客。大多数智能扬声器都会将录音发送给其制造商，这些数据用于提高智能扬声器的性能。制造商可能会受到黑客的攻击，或将这些对话交给政府或执法部门，或者通过研究这些对话来向个人推销产品。

更多的能源消耗

一些专家担心，智能家居将消耗更多的能源。例如，人们可以在回家之前预热或预冷他们的居室，或者在他们离家之前对连接到智能家居的汽车做同样的事情。与智能家居相关的许多小玩意（如发光二极管）需要能源和材料来生产，即使在不使用的情况下也要用电，并且很难被回收利用。

新建的房屋可以在设计和建造时安装智能家居系统。老房子可以通过智能扬声器来添加智能设备。

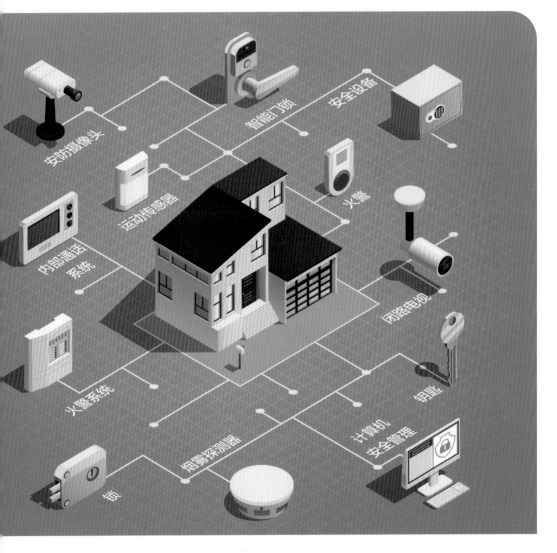

安防摄像头

智能门锁

安全设备

运动传感器

火警

内部通话系统

闭路电视

火警系统

钥匙

烟雾探测器

计算机安全管理

锁

术语表

城市规划：对城市的经济和社会发展、土地使用、空间布局以及各项建设的综合部署、具体安排和实施管理。

传感器：感受规定的被测物理量或化学量并将其转化为可用的输出信号的器件或装置。

磁场强度：描述磁场强弱的物理量之一。

大气：包围地球的气体，是干燥空气、水汽和微尘等的混合物。

电梯井：为电梯轿厢和配重装置运行而设置的空间。

发光二极管：由电致固体发光的一种半导体器件。

工程师：设计和建造发动机、道路等实体的专业人士。

核动力：在推进、发电、供热等各种动力工程上利用可控核反应释放出的能量。

黑客：利用系统安全漏洞对网络进行攻击破坏或窃取资料的人。

挥发性有机化合物：一种不稳定的物质，会随着时间的推移而分解，并释放出有毒气体。

建筑师：受过相关的专业教育和训练并以建筑设计为主要职业的人。

交叉层压木材：将实心锯材经过正交叠放后，采用黏合剂压制而成，也叫交错层压木材。这种新型木质建筑材料被称为未来的混凝土。

交通量：在指定时间内通过道路某地点或某断面的车辆、行人的数量，可分为机动车交通量、非机动车交通量和行人交通量等。

可再生能源：消耗后可得到恢复补充、不产生或极少产生污染物的能源，如风能、太阳能、水能、生物质能、地热能、潮汐能等。

水培：在营养液中栽培植物的方法。

天际线：山形、地貌、林木、建筑物等与天空相交形成的一条轮廓线。

乌托邦：泛指不能实现的愿望、计划等。

厌氧消化：在厌氧条件下，多种微生物协同降解复杂有机物，将其变为二氧化碳、甲烷等简单物质。

鱼菜共生：将水产养殖和水培结合起来，使鱼、蔬菜、微生物实现和谐共生。

智能扬声器：带有麦克风和扬声器但通常没有屏幕的小型计算机。智能扬声器装有语音助手软件，用户可以在互联网上查找信息，并通过语音命令控制连接的设备。

科技强国　未来有我

强国少年高新科技知识丛书

本套丛书聚焦为人类社会带来革命性变化的 10 大科技领域，主题丰富多样、图文相映生趣、知识思维并重，帮助孩子一览科学前沿的精彩风景。富于视觉冲击力和想象力的实景插图勾勒出人类未来生活图景，与对前沿科学原理的生动阐释相辅相成，带领读者一站式沉浸体验科学魅力。在增强知识储备的同时，对高新科技发展历程的鲜活呈现以及对科技应用场景的奇妙畅想，亦能启发孩子用科学思维解决实际问题。

涵盖 10 大高新技术领域，58 项科技发展趋势

触达未来场景 · 解读科学原理 · 感悟科技魅力